时间之旅——
远古内蒙古探险

内蒙古自然博物馆 / 编著

内蒙古人民出版社

图书在版编目（CIP）数据

时间之旅：远古内蒙古探险／内蒙古自然博物馆
编著. — 呼和浩特：内蒙古人民出版社，2024.1
ISBN 978-7-204-17787-5

Ⅰ. ①时… Ⅱ. ①内… Ⅲ. ①探险-内蒙古-远古
Ⅳ. ①N82

中国国家版本馆 CIP 数据核字（2023）第 205155 号

时间之旅——远古内蒙古探险

作　　者	内蒙古自然博物馆
策划编辑	贾睿茹
责任编辑	杜慧婧
责任监印	王丽燕
封面设计	袁芷姗
出版发行	内蒙古人民出版社
地　　址	呼和浩特市新城区中山东路 8 号波士名人国际 B 座 5 层
网　　址	http://www.impph.cn
印　　刷	内蒙古爱信达教育印务有限责任公司
开　　本	889mm×1194mm　1/12
印　　张	5
字　　数	70 千
版　　次	2024 年 1 月第 1 版
印　　次	2024 年 1 月第 1 次印刷
书　　号	ISBN 978-7-204-17787-5
定　　价	58.00 元

如发现印装质量问题,请与我社联系。联系电话:(0471)3946120

编委会

扫码加入
云端研学探险队
穿越时空，和小伙伴开启冒险之旅

聪明恐龙

小队团宠

睿智博士

创意大王

队长马鹿

开启远古之旅
科普动画带你沉浸式揭秘！

认识探险伙伴
出发之前，先来领取你的角色卡！

遇见神奇动物
有声故事带你边玩边学！

探险营地
探险伙伴在此集结，分享冒险故事！

乐知探险小队人物介绍

栎博士

蒙古栎

原型：蒙古栎

特点：睿智博学、温和坚韧，乐知探险小队的带队博士，热爱科研，经常带领队员去野外考察。

科学家形象

宝哥儿

原型：马鹿

特点：刚毅果敢、成熟稳重，乐知探险小队的 leader（领导者），全队的体力担当，栎博士的得力助手。

健壮

标本编号

淖淖

化石完整度达 95% 代表"完美"

钉状指

原型：完美巴彦淖尔龙

特点：做事认真、傲娇幼稚，乐知探险小队的"活体笔记本"，拥有超群的记忆力，总能发现被大家遗漏掉的细节。

阿布

搏克服

原型：草原雕

特点：善良勇敢、调皮搞怪，乐知探险小队的创意大王，有着各种奇思妙想，总是语出惊人。

鹰爪锋利

莹莹

色彩丰富

晶型

原型：萤石

特点：古灵精怪、善于学习，乐知探险小队的"团宠"，细腻敏感，在经历了众多事情后变得越来越勇敢。

"很久很久以前，有一个温度无限高、密度无限大的'小点'，别看它小小的，却蕴藏着大大的能量，这个'小点'的名字叫作奇点。大约在 130 多亿年前，奇点'嘭'的一下发生了爆炸，藏在里边的宇宙趁机逃了出来……"正当大家听得津津有味的时候，栎博士却神秘地笑了笑，不再继续往下讲。

然后呢，然后呢？

第二天，大家一起来到了内蒙古自然博物馆的远古内蒙古展厅，还没等栎博士说什么，淖淖就好奇地跑进了序厅。

原来乐知探险小队回到了 130 多亿年前奇点刚刚爆炸的时候。滚滚热浪向他们扑来，还好大家离得比较远，才不至于被烤化。爆炸过后，乐知探险小队看到了许多岩石，这些岩石不断聚集、碰撞，最终形成了恒星和星系，此时的宇宙十分热闹。

当陨石停止撞击，地球逐渐冷却下来以后，海洋出现了。于是，乐知探险小队怀着激动的心情决定要去海洋中玩耍一番。

约 38 亿年前，地球上最早的生命之———蓝藻出现了。它很小很小，小到肉眼都看不到。慢慢地，蓝藻越来越多，层层叠叠地聚集在一起。在它们的不懈努力下，地球终于从原本的无氧环境变为有氧环境。

我终于成为改造地球环境的第一功臣！

我不会醉氧了吧？

蓝藻

我们要不要带一些蓝藻回去做科研呀？

阿嚏！

古老的化石，有多古老呀？

我觉得还是不要打扰它们比较好，它们有自己的生存方式。

其实我们可以通过一种古老的化石来了解它们。

7

在游向海底的途中，栎博士说："雪球事件结束后，出现了许多长相奇特的多细胞生命，有些像圆盘，有些像羽毛，有些像长管，有些还没有我们的手掌大，有些去可以长到1米长。虽然它们没有嘴巴，但却可以像海绵似的通过身体与海水的接触，将营养物质渗透到体内……"说着说着，乐知探险小队已经游到了海底。

这都是什么呀？它们长得也太奇怪了吧！

哇，好美呀！

这就是著名的埃迪卡拉生物群，生活在这一时期的生物体内有很多细胞，要比我们刚刚遇到的蓝藻高级。

水母！你们看这里居然有水母！

那儿怎么了？

淖淖，不要碰，水母的触手上有毒！

大家担心淖淖遇到危险，便快速地向淖淖游去。突然，淖淖停了下来，正在追他的宝哥儿差点把他撞翻。还没等宝哥儿回过神儿来，前方突然一片混乱，海底的泥沙都被搅动了起来……

10

乐知探险小队悄悄地朝着前方的混乱处游去。就在他们快要靠近时，栎博士让大家躲在"冰激凌蛋卷"后面，静静观察。

它走了，大家快出来吧。看来我们来到了云南澄江生物群，帚状奇虾、海口鱼和昆明鱼可都是这一时期的明星物种。

奇虾可是这一时期的海洋霸主，它们精良的装备就是为捕食而生，所以我们千万要小心，不要乱跑！

我居然见到了奇虾，太酷了！

海洋霸主有什么用，还不是都灭绝了！我们巴特敖包生物群中的海洋霸主可都还活着呢！

海口鱼

巴特敖包动物群中的海洋霸主是谁呀？

昆明鱼

帚状奇虾

一张通往巴特敦包生物群的船票，请查收！

在早期的海洋世界里，海底生物唯一需要小心的就是奇虾这样的猎食者。直到有一天，这些"原始鱼类"为了不再过逃亡生活，给自己配上了坚硬的"盔甲"……

甲胄鱼

有本事来吃我呀！

初始全颌鱼

救命——

有颌的感觉真好，真是功夫不负"有心鱼"啊！

这些甲胄鱼可真厉害，多亏它们上进，不然我现在就成了"淖淖鱼"了！

那是初始全颌鱼，它已经长出了颌骨，不仅可以保护自己，还可以主动攻击猎物。随着它们的出现，海洋中的生存竞争越来越激烈。

你们看那条鱼长得好凶呀，一点也不可爱！

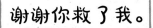

谢谢你救了我。

在泥盆纪这个鱼类时代，有颌鱼大军开始朝着不同的方向进化，鲨鱼和鳐鱼等没有硬质骨骼结构的软骨鱼类和覆盖着厚重"盔甲"的盾皮鱼类也加入其中。其中邓氏鱼不仅有"盔甲"护体，还有着惊人的咬合力，鲨鱼看到它都得躲得远远的，否则小命不保。

邓氏鱼

大侠，请赐我全尸！

裂口鲨

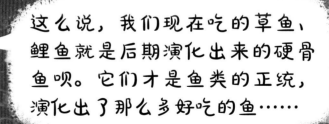
这么说，我们现在吃的草鱼、鲤鱼就是后期演化出来的硬骨鱼呗。它们才是鱼类的正统，演化出了那么多好吃的鱼……

栎博士让阿布详细地介绍一下硬骨鱼，阿布漫不经心地说道："硬骨鱼的骨骼大多比较硬，草鱼和鲤鱼等是硬骨鱼中的辐鳍鱼类，如果没有它们就没有好吃的水煮鱼、松鼠鱼、西湖醋鱼……"阿布的脑海中早已被各种美食填满。

阿布只提到了硬骨鱼中的一支，还有一支就是勇敢的肉鳍鱼类。它们为了逃离水中的竞争，更好地生存，便将目光放到了充满希望和挑战的陆地上。

登陆后，先做 200 个俯卧撑热身！

提塔利克鱼

潘氏鱼

我知道，我知道，其中的代表物种就是那条会做俯卧撑的鱼。要是没有它们的背井离乡，就不会迎来我们的时代！

没错，长期生活在水中的动物若想到陆地上，就需要付出比其他鱼多5倍的努力。它们的骨骼结构和呼吸方式等都要做出改变。可见鱼的一生所有奇迹都来源于努力！

谁能料到我们"走"出的这一小步，却是脊椎动物演化史上的一大步！

你们看那个家伙居然长着1、2、3……8个脚趾。

鱼石螈

棘螈

那些食物看起来好好吃呀，我得加把劲儿！

经过上亿年的努力，以鱼石螈为代表的鱼类和四足动物之间的过渡类群终于登上陆地，它们长出了能够支撑身体的四肢，不过对水的依赖性还是很强。

18

虽然棘螈和鱼石螈等原始的两栖类动物已经拥有了四肢，但它们的卵不能离水生存，所以这些原始的两栖类动物不得不返回水中产卵。

要是这样的话，它们岂不是一生都得在水边生活，不能去体会"大漠孤烟直"的壮阔景象了。

巨脉蜻蜓

远古蜈蚣虫

所以一些两栖类动物为
了它们的诗和远方，不
又四肢变得越来越粗
壮，还演化出了可以模
以出水中环境的"神
器"——羊膜卵。

这样说来，有了这个"神器"
的出现，关于"先有鸡还是先
有蛋"的千古谜题，终于有答
案了！而且答案……还是我们
找到的！

没有鸡哪来的蛋？
没看到那边的动物
在下蛋吗？

好了，孩子们不要
争论了，这可是一
道经典难题！

林蜥

这里边好舒服呀！

22

后来其中的一些爬行动物演化成了中生代霸主——恐龙，它们统治地球的时间长达 1.69 亿年。

艾雷拉龙

板龙

这会儿你还没出生呢，连你爷爷的爷爷也没有出生！

哇！终于来到了我的时代！嗨，板龙大哥！

嘘，那几只艾雷拉龙好像朝我们走来了，要是被它们咬一口，小命肯定不保

完了完了，它们过来了，怎么办呀……

孩子们，不要怕，有我呢。

栎博士摇身变成一棵大栎树，把大家托了起来。小队成员们沉浸在栎博士"变身"的喜悦中，谁也没有感受到危险正在悄然逼近。突然，一只翼龙冲向莹莹，直接衔起她就飞走了。正当大家焦急地不知道该怎么办的时候，一块石头砸在翼龙的翅膀上，受伤的它直接将莹莹扔到了海里……

看到莹莹落水，其他人都奋不顾身地跳进海里，最终在缠绕的海百合中找到了她。就在这时，大家看到一个庞大的身影冲了出来，并用尖尖的嘴咬住了大家面前的多瘤粗菊石，然后快速地将菊石的软体抽出来吞掉，动作之娴熟让人惊叹！吃完之后，那条体长约 10 米的海洋巨兽悠闲地去寻找下一个猎物，连看都没看他们一眼……

那应该是一只梁氏关岭鱼龙，看来我们掉进了史前的贵州海洋。

天哪！好险呀，那是什么？

奇怪，这些爬行动物为了登上陆地不惜"脱胎换骨"，怎么又重新回到了海洋？

海百合

多瘤粗菊石

梁氏关岭鱼龙

正当大家激动地讨论时，他们又遇到了刚刚的那只梁氏关岭鱼龙。它正躲在一块礁石后面，目不转睛地盯着前方的邓氏贵州鱼龙幼崽，显然刚才菊石没能填饱它的肚子。只见它正准备全力地向小家伙冲去，一只邓氏贵州鱼龙突然冲向它，而来不及躲闪的梁氏关岭鱼龙被一下子撞到了礁石上，身负重伤的它只能落荒而逃……

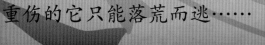

还是保命要紧！

不好，那只邓氏贵州鱼龙朝我们冲过来了，大家快跑呀！

休想伤害我的孩子！

这应该是小家伙的妈妈吧，它可真厉害。不过，千辛万苦"孵"出来的幼崽要是被吃掉，给谁都接受不了！

是宝哥儿弄错了吗？邓氏贵州鱼龙宝宝真的是被妈妈"孵"出来的吗？ ⑨

邓氏贵州鱼龙以为乐知探险小队的队员也要伤害它的幼崽，怒气冲冲地向大家游过来。大家顾不上多想，都拼命地向前游，所幸邓氏贵州鱼龙追了一会儿就掉头回去了。待大家上岸后，一个个累得筋疲力尽，直接瘫在岸边睡着了……

肯氏兽？就是那个嘴中没有牙齿的家伙吗？可我怎么记得肯氏兽平时都是群体行动呢？

淖淖你别一惊一乍的……就是只肯氏兽，又不会伤害你。

啊，不要吃我！

我虽丑，却很温柔。

肯氏兽

栎博士处理过肯氏兽的伤口，准备护送它回到家人身边。而阿布的脑海中却一直都是犬颌兽这种凶猛的动物。

28

仙兽

神兽

一个是哺乳动物，一个是似哺乳爬行动物，它们根本就不是一回事儿！

你们看那边有几只小松鼠，好可爱呀！

那是神、仙二兽，你们看它们的爪子就像我们的手似的，可以牢牢地抓着树枝。别看它们的体形较小，但是听力特别敏锐，要知道，在这片危机四伏的大地上，好的听力可是很重要的！

我怎么觉得刚刚那只肯氏兽的听力就不是很好……

听了阿布的话，淖淖认真地思考起来：神、仙二兽和肯氏兽之间究竟有什么差别？为什么听力会差那么多？

还没等他思考明白，耳边传来莹莹兴奋的叫声。

你们看树上那只灵巧柱齿兽正在吸食树汁，下面还有一只善于挖洞的挖掘柱齿兽。它们的牙齿结构比较复杂，可以轻松地处理各种食物。

这么说来，哺乳动物的牙齿结构比较复杂呀！乖，挖掘柱齿兽，给我看看你的牙齿。

灵巧柱齿兽

挖掘柱齿兽

淖淖，小心咬你手！哺乳动物还有很多其他特点，比如皮肤表面长有毛发、体温比较恒定、会通过乳汁来哺育幼崽等，总不能看见一只就让人家张嘴吧！

这些特征几乎无法在化石中看到，古生物学家怎么知道它们是哺乳动物呢，难不成也像我们一样穿越过来？

你们看水里好像有什么东西，不会又是鱼龙吧？

还没等宝哥儿的话音落下，一个小家伙从大家的头顶滑过，直奔蜻蜓而去，蜻蜓凭借着灵巧的身体，化解了这次危机，然而执着的小家伙并没有打算放弃，它继续穿行于树枝间，寻找着它的食物……

獭形狸尾兽

功夫不负有心"兽"，小家伙最终在一棵树上捕到了它的晚餐，而此时的天色也已经暗了下来，大家决定在附近休息。

远古翔兽

此时大家也没有了睡意。他们决定前往森林，开始一场星空下的探险。他们慢慢地向森林中走去，莹莹突然停下了脚步，并示意大家不要出声。

你们有没有听到一段很好听的旋律？

这个声音好像在哪里听过，它可真好听，简直就是"侏罗纪好声音"，我要把它录下来！

阿博鸣螽

嘘，这是阿博鸣螽。它正在求偶，我们还是不要打扰它了！

你知道阿博鸣螽的叫声是什么样的吗？ 14

34

正当他们准备离开的时候，一个黑影落在了阿布和栎博士的身边，它以飞快的速度吃掉了正在鸣唱的阿博鸣螽，然后又消失在夜色中……

就是那个被称作"侏罗纪母亲"，目前发现的所有有胎盘类哺乳动物中最古老的成员吗？

在哪儿，在哪儿？它跑得也忒快了吧！

要知道在恐龙称霸的时代，"明哲保身"才是硬道理，不然早被恐龙吃光了。

孩子们，你们看到那只中华侏罗兽了吗？没想到我们还能在这儿见到它，真是不枉此行！

我想去看看这个神奇的小家伙！

中华侏罗兽的体形大小只有10厘米左右，虽然这时天已经开始亮了，但想要在茂密的森林中找到一个那么小的家伙，实在是太难了。但他们并没有放弃，决定去河边碰碰运气。

赫氏近鸟龙

中华侏罗兽

不知不觉地，乐知探险小队走到了森林的尽头，大家的眼前突然开阔起来，他们看到了好多和淖淖长得很像的恐龙。调皮的淖淖隐藏在众多恐龙中不出声，看着大家焦急地找他。与此同时，几只二连巨盗龙迈着大长腿从不远处跑来，前面还飞奔着几只似鸟龙，它们的到来打破了这里原本宁静祥和的氛围。

二连巨盗龙

似鸟龙

有本事来追我呀！

它和我长得好像呀！

居然有这么多"淖淖"。哎，淖淖呢？

姜氏巴克龙

淖淖和他的表亲——姜氏巴克龙有很多相似之处，但也有很多不同，大家快找找这个淘气包！ 16

你不知道的恐龙大百科

混乱的环境让淖淖感到很不安，为了保证大家的安全，淖淖请一只查干诺尔龙载大家一程。

查干诺尔龙

真不敢相信，我居然坐在查干诺尔龙的背上，就像做梦似的。莹莹，你快掐我一下！

天哪，那只恐龙被……

这里简直就是恐龙的乐园，你们看那里还有长着四根尾刺的鄂尔多斯乌尔禾龙呢！

奥氏独龙

鄂尔多斯乌尔禾龙

38

休息好之后，大家继续向前走。突然，他们看到前边有一具原角龙的骨架，大家气愤地讨论着谁才是"凶手"。而淖淖的心中早已认定这个"凶手"就是他的"冤家"——奥氏独龙，他想着再遇到奥氏独龙时定要给它"一拇指"瞧瞧！等大家快要走到一个小沙丘的时候，他们听到附近有打斗声。于是，他们悄悄地躲在小沙丘后……

不要欺负它！

原角龙

精美临河盗龙

在阿布的攻击下，精美临河盗龙灰溜溜地逃走了。大家跑到原角龙的身边为它包扎伤口，而莹莹帮助阿布整理凌乱的羽毛。这时，有几根羽毛从阿布的身上飘了下来，莹莹仔细观察了一下这几根羽毛，发现这是精美临河盗龙的羽毛。

精美临河盗龙一时不会再过来，所以栎博士让大家围着原角龙休息一会儿。难得的清静，莹莹拿着手中的羽毛让栎博士讲一讲羽毛的演化过程。

阿布，我想要一根你翅膀上的羽毛！

还要啊？我翅膀上的羽毛都快被你薅秃了！

羽毛曾被认为是鸟类特有的一种结构，但你们也看到了精美临河盗龙的羽毛，它们的羽毛并不适于飞行。

原来飞行之路这么坎坷！

原角龙尾巴上就是原始的羽毛，鹦鹉嘴龙也有！

在我国发现的中华龙鸟打破了羽毛是鸟类独有的这一观点。它的全身覆盖着一簇簇的鬃毛状羽毛，其内部呈中空管状，古生物学家称这种羽毛为"原羽毛"。

而我们熟知的窃蛋龙家族中的邹氏尾羽龙有两种羽毛形态：一种是身上覆盖着的绒状羽毛，这是羽毛演化的第二阶段；另一种是前肢和尾巴末端演化出对称的羽片和羽轴结构的羽毛。邹氏尾羽龙的羽毛并不是用来飞行的，所以很可能是为了炫耀。

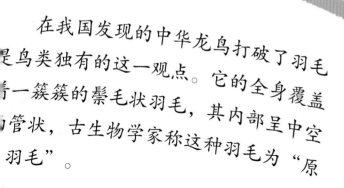

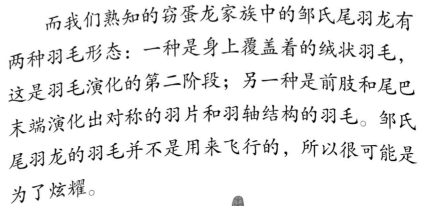
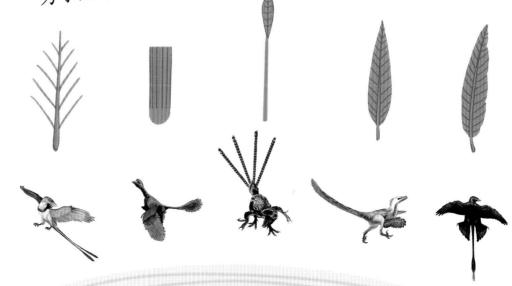

最早征服蓝天的动物是昆虫，它们是唯一一种会飞的无脊椎动物。昆虫在 4 亿年前就已经出现了，比最早会飞行的脊椎动物——翼龙出现的时间至少要早 1 亿多年，鸟类大约在 1.5 亿年前出现，而哺乳动物中最早的探险家——远古翔兽在 1.64 亿年前才冲向蓝天。

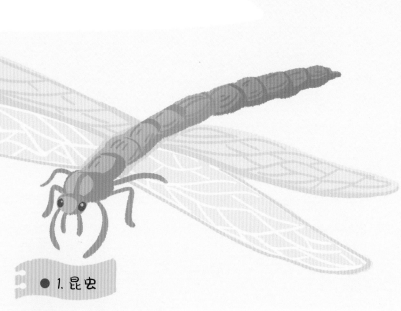

2. 爬行类

翼膜主要连接在
后肢之间

7. 哺乳类

四肢之间长有翼膜，和现
代的蜜袋鼯和小飞鼠相似

1. 昆虫

翅膀展开可达 75 厘米，
史上最大的飞行昆虫

9. 鱼类

又宽又长的胸鳍可以帮
助它们在水面上滑翔

3. 爬行类

身体两侧有 8 根肋骨向
外延伸，支撑皮膜

● 振翅飞行　● 滑翔

1. 巨脉蜻蜓
2. 沙洛维龙
3. 赵氏翔龙
4. 飞蜥
5. 奇翼龙
6. 魏氏准噶尔翼龙
7. 远古翔兽
8. 蝙蝠
9. 飞鱼
10. 太平洋褶鱿鱼
11. 黑蹼树蛙

10. 头足类

总是倒着飞行，尾巴上的
大肉鳍可以提供上升力

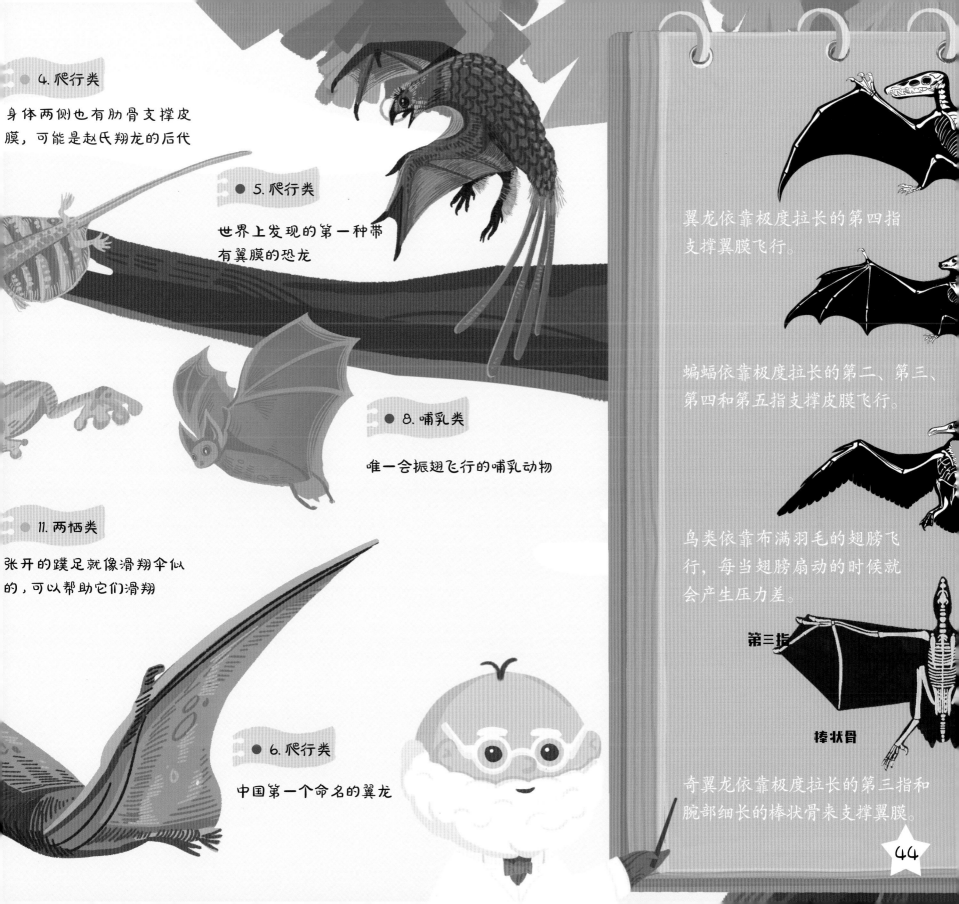

● 4. 爬行类

身体两侧也有肋骨支撑皮膜，可能是赵氏翔龙的后代

● 5. 爬行类

世界上发现的第一种带有翼膜的恐龙

● 8. 哺乳类

唯一会振翅飞行的哺乳动物

11. 两栖类

张开的蹼足就像滑翔伞似的，可以帮助它们滑翔

● 6. 爬行类

中国第一个命名的翼龙

翼龙依靠极度拉长的第四指支撑翼膜飞行。

蝙蝠依靠极度拉长的第二、第三、第四和第五指支撑皮膜飞行。

鸟类依靠布满羽毛的翅膀飞行，每当翅膀扇动的时候就会产生压力差。

第三指

棒状骨

奇翼龙依靠极度拉长的第三指和腕部细长的棒状骨来支撑翼膜。

44

醒来后，大家发现已经回到了内蒙古自然博物馆的"新生代"展区。

哎哟，好疼呀！

我们都逃回来了，可是没能带那些恐龙一起回来。可恶的小行星，为什么要撞击地球！

太好了！我居然还活着！

或许也不是小行星撞击……

如果不是小行星撞击导致这次生物大灭绝，还会有什么原因呢？ ⑱

"你们看，在树荫下休息的那只鼻子长得像大锤子的动物就是格氏锤鼻雷兽，别看它们是食草动物，但是脾气特别暴躁；在湖水中玩耍的那几只动物是沙拉木伦卢氏两栖犀，它们就像现代的河马似的，平时会在水中休息，饿的时候才会到岸边吃一些柔软多汁的植物；右边是高大的沙拉木伦始巨犀，它的肩部到地面的高度差不多有 2.5 米……"栎博士一一向大家介绍。

格氏锤鼻雷兽

沙拉木伦卢氏两栖犀

乌兰戈楚动物群

就在大家认真思考时，画面中的几只通古尔鼦站了起来，三趾马似乎感受到了危险，它们跑得更快了。但那几只通古尔鼦只是为了吸引三趾马的注意力，马群的后边才是通古尔鼦的主力军。通古尔鼦开始疯狂追击，马群四处逃散，几只幼小的三趾马不幸被擒捕。在水边，一只三趾马正悠闲地喝水，好像刚刚发生的事情离它们很远似的。这时，一只萨摩麟也加入其中……

萨摩麟

铲齿象

通古尔动物群

你知道栎博士所说的三处错误是什么吗？ ⑲
你知道长着三个脚趾的马叫什么吗，长颈鹿的祖先又是谁吗？

50

纳玛象

王氏水牛

纳玛象的牙可真酷！

那个家伙长得也太奇怪了吧，居然有那么长的牙，也不嫌碍事！

大家激动地和栎博士说："栎博士，我们能不能去看看这些古人类是怎么生活的呀？"栎博士微笑着点了点头，就在这时，大家已经站在了萨拉乌苏河边。

在萨拉乌苏河边，河套人用兽皮支起了一个个"帐篷"，旁边还燃着篝火。栎博士走过去，边比画边叽里咕噜地和他们说着什么。只见他们点点头，栎博士便招呼其他人过来。

天色渐渐暗了下来，大家都围坐在篝火旁，开始分享烤熟的鹿肉，吃完后，他们又将坚硬的骨头砸开，再吸食里面的骨髓，随后又把吃剩的骨头扔进火堆，火焰腾地一下起来了。火星在空中跳跃，驱散了夜晚的寒冷，暖黄色的火光映在大家的脸上，他们高兴地唱着、跳着，一张张笑脸记录着大家对美好未来的期待。